Bibliografische Information der Deutschen Nationalbibliothek:

Die Deutsche Bibliothek verzeichnet diese Publikation in der Deutschen Nationalbibliografie; detaillierte bibliografische Daten sind im Internet über http://dnb.d-nb.de/ abrufbar.

Impressum:

Druck und Bindung: Books on Demand GmbH, Norderstedt Germany
ISBN: 9783668937208

Dieses Buch bei GRIN:

https://www.grin.com/document/464254

Hannah Then

Blutgruppendiät. Hintergrund, Konzept, Nahrungsmittelauswahl und Lebensstilempfehlung

GRIN Verlag

Inhaltsverzeichnis

Abbildungsverzeichnis

Einleitung

Bei einer Online-Umfrage des Statistik-Portals *statista.com* im Juni 2017 zum Thema Diäten und Ernährungskonzepte wurden 1 035 Deutsche im Alter von 18 bis 65 Jahren gefragt, welche Diäten oder Konzepte sie oder ihre Familie kennen, verwenden, schon ausprobiert haben oder gerne probieren würden. Neben den bekanntesten Diäten wie Trennkost, Low Carb, Low Fat oder No Carb, wurden die Teilnehmer[1] auch zur Blutgruppendiät befragt. Es zeigte sich, dass 60,1 % der Befragten bisher noch nichts von dieser Ernährungsweise gehört hatten, 2,4 % folgten dieser Empfehlung zur Zeit der Befragung, 5,3 % hatten sie bereits ausprobiert und 4,9 % würden diese Ernährungsweise in Zukunft gerne ausprobieren. (Abb.1) (vgl. Statista 2017)

[1] Aus Gründen der besseren Lesbarkeit wird auf die gleichzeitige Verwendung männlicher und weiblicher Sprachformen verzichtet. Sämtliche Personenbezeichnungen gelten gleichwohl für beiderlei Geschlecht.

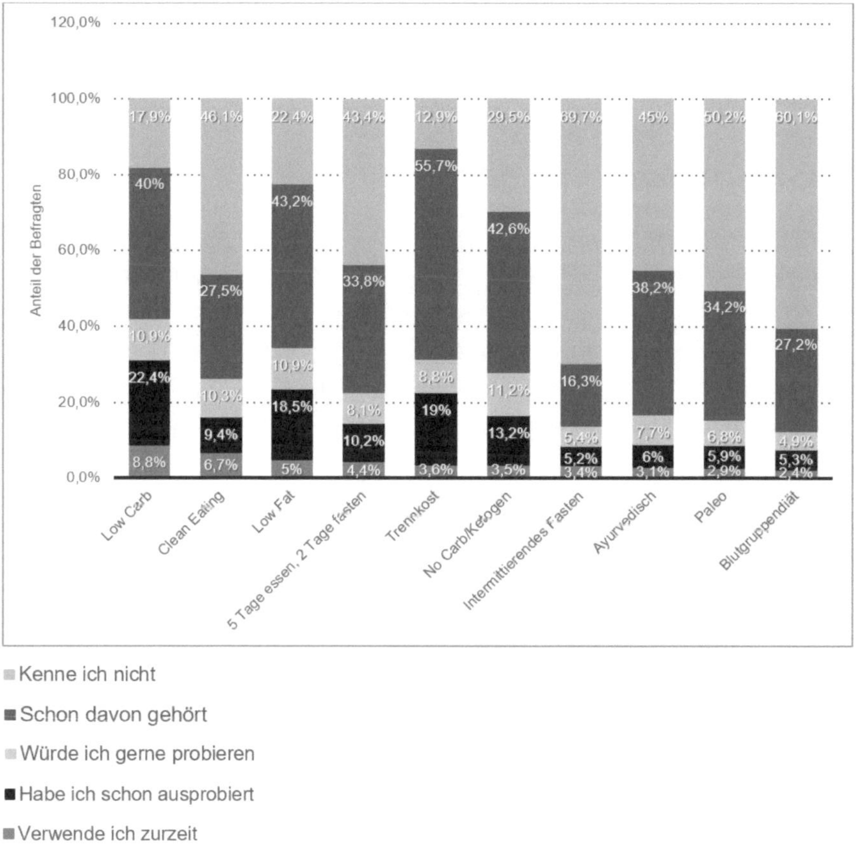

Abbildung 1: Statista-Umfrage zur Verwendung von Diäten und Ernährungskonzepten in Deutschland im Jahr 2017

Die Blutgruppendiät beschreibt genau, welche Ernährung und welchen Lebensstil die verschiedenen Blutgruppen befolgen sollten. Im Folgenden wird diese Ernährungsform vorgestellt. Zu Beginn wird es einen kurzen Exkurs zu Blut und den vier verschiedenen Blutgruppen geben, um die Grundlagen zu vermitteln, welche für das volle Verständnis dieser Diät erforderlich sind. Darauf folgend werden die Erfinder der Blutgruppendiät und das Konzept vorgestellt. Letzteres ist in die Entstehung und Eigenschaften der Blutgruppen sowie in das Kapitel über die Lektine gegliedert. Es folgt die Lebensstilempfehlung und Nahrungsmittelauswahl, die Peter J. D'Adamo für die jeweiligen Blutgruppen vorschlägt. Des

Weiteren wird die Blutgruppendiät in einer Bewertung diskutiert und zuletzt ein Fazit geschlossen.

Es folgt nun der Exkurs zu Blut und den Blutgruppen.

1. Exkurs: Blut und Blutgruppen

Die zwei Hauptbestandteile des Blutes sind die Blutflüssigkeit, auch Blutplasma genannt, und die Blutzellen. Zu Letzteren gehören die roten Blutkörperchen, auch Erythrozyten, die weißen Blutkörperchen, die Leukozyten und die Blutplättchen, die sogenannten Thrombozyten (Abb.2). Jeder Bestandteil hat seine eigene Funktion, wie den Sauerstofftransport bei den Erythrozyten, den Schutz vor Krankheitserregern durch die Leukozyten oder die Blutgerinnung der Thrombozyten. (vgl. Blutspendedienst des Bayerischen Roten Kreuzes gemeinnützige GmbH, o.J.)

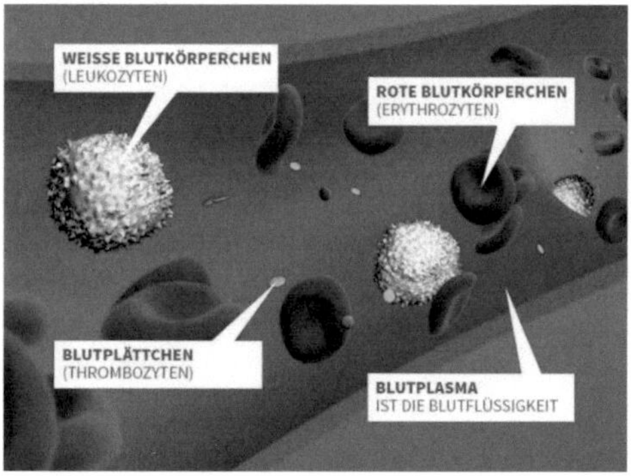

Abbildung 2: Bestandteile des Blutes

Beim Menschen gibt es ca. 50 verschiedene Blutgruppensysteme, die bekanntesten sind jedoch das AB0- und das Rhesussystem. (vgl. Meinhard 2014) Hierbei wird zwischen Blutgruppe A, B, AB und 0 sowie zusätzlich zwischen positivem und negativem Rhesusfaktor differenziert. Die Blutgruppen unterscheiden sich darin, dass auf der Oberfläche der Erythrozyten unterschiedliche Eiweiße liegen, die als Antigene wirken. Sollte fremdes Blut in den eigenen Körper gelangen, bildet das Immunsystem Antikörper, je nach Blutgruppe unterschiedlich, und es kommt zu einer Verklumpung (= Agglutination). (vgl. Blutspendedienst des BRK o.J.). Dabei verbinden sich Antigene und Antikörper, die mehrere Bindestellen für die Antigene besitzen, nach dem Schlüssel-Schloss-Prinzip. (Abb. 3) (vgl.

Meinhard 2014) Mit dieser Agglutination befasst sich auch die Blutgruppendiät, deren Entstehung im Folgenden präsentiert wird.

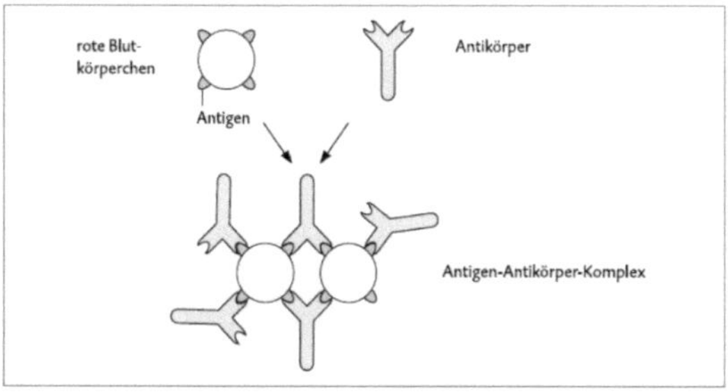

Abbildung 3: Schlüssel-Schloss-Prinzip der Antigen-Antikörper-Reaktion

2. Hintergrund der Blutgruppendiät

Der Amerikaner James D'Adamo, reiste am Ende der 50er Jahre nach abgeschlossener Ausbildung zum Naturheilmediziner nach Europa um Studien an bekannten Kurorten durchzuführen. Ihm fiel dabei auf, dass manche Menschen auf eine beispielsweise vegetarische fettarme Kost schlechter reagierten als andere. Da seiner Meinung nach hauptsächlich das Blut für die Ernährung eines Organismus zuständig war, schloss er, dass dieses für die Unterschiede in der Wirkung bestimmter Nahrungsmittel verantwortlich sein musste. 1980 veröffentlichte er sein Buch „One Man's Food", in dem er seine Erkenntnisse niederschrieb. (vgl. D'Adamo, Whitney 2017)

1982 begann auch Peter J. D'Adamo, der Sohn von James D'Adamo und ebenfalls Naturheilmediziner, sich näher mit dem Zusammenhang zwischen Blutgruppen und Ernährung zu befassen. Er sah es als seine Aufgabe, die Theorie seines Vaters wissenschaftlich zu belegen. Seine Nachforschungen ergaben, dass Menschen mit der Blutgruppe A und 0 anfälliger für bestimmte Magenkrankheiten waren als Menschen, die Blutgruppe B oder AB besitzen. Diese Erkenntnis und weitere darauf folgende Studien bildeten für Peter J. D'Adamo den Ausgangspunkt, um die Annahme seines Vaters zu belegen und einen eigenen Ernährungs- und Lebensstil, die sogenannte Blutgruppendiät, zu publizieren. (vgl. D'Adamo, Whitney 2017) Das Buch „Eat Right For Your Type" (deutsche Fassung: 4 Blutgruppen – 4 Strategien für ein gesundes Leben), das Peter J. D'Adamo 1996 veröffentlichte, gibt es in 65 Sprachen und verkaufte sich über sieben Millionen Mal. (vgl. D'Adamo o.J.) Ebenso gibt es für die Blutgruppendiät eine eigene Website, die auch in verschiedene Sprachen übersetzt wurde. Die deutsche Fassung ist unter *https://www.4blutgruppen.de/* abrufbar.

Dr. Peter J. D'Adamo schaffte es also, seine Blutgruppendiät populär zu machen. Wie genau diese Ernährungsform aufgebaut und begründet wird, erläutert das nächste Kapitel.

3. Konzept

Der Grund, warum man bei seiner Ernährung auf die eigene Blutgruppe achten sollte, sah Peter D'Adamo darin, dass verschiedene Proteine in der Nahrung, die Lektine, für Verklumpungen mit dem Blut sorgen. Da sich das Nahrungsangebot in der Menschheitsgeschichte immer wieder änderte, passten sich die Gene, und somit auch das Blut, der jeweiligen Ernährung an. (vgl. Koula-Jenik, Kraft, Miko, Schulz 2006)

3.1 Entstehung der Blutgruppen

Die ersten modernen Menschen lassen sich vor circa 60 000 Jahren finden. Ihre Ernährung bestand auf dem Prinzip der Jäger und Sammler. Zu diesem Zeitpunkt fand man nur die Blutgruppe 0, die durch den doppelten Antikörper-Schutz (Anti-A und Anti-B) von großem Vorteil war.

Zwischen 25 000 und 15 000 v. Chr. entwickelte sich in Asien und dem Nahen Osten eine Kultur, die sich durch Ackerbau und Viehzucht das Überleben sicherte. Die Blutgruppe A, die Blutgruppe der Landwirte, entstand. Diese wuchs rasch und verbreitete sich sehr stark nach Westeuropa, wo auch heute noch mehrheitlich die Gruppe A zu finden ist.

Im Himalaya-Gebiet entwickelte sich vor 12 000 bis 17 000 Jahren die Blutgruppe B. Die Menschen dieser Gruppe waren Nomaden, die sich viel von Fleisch und Milchprodukten, jedoch auch von pflanzlicher Kost ernährten. Später erfuhr diese Gruppe eine Spaltung, wobei kriegerische Völker Richtung Norden und die Bauernstämme in den Süden wanderten.

Das Aufeinandertreffen von Blutgruppe A und Blutgruppe B zwischen 800 und 1000 n. Chr. ließ die Blutgruppe AB entstehen. Diese besitzt die Fähigkeit sowohl A-Blut, als auch B-Blut zu vertragen, da sie keine Anti-A- oder Anti-B-Antikörper bildet. (vgl. D'Adamo, Whitney 2017)

3.2 Eigenschaften

Weil sich die Menschen an unterschiedliche Umweltbedingungen anpassen mussten, unterscheiden sich die Charakteristika jeder Blutgruppe. Diese werden folgend dargestellt.

3.2.1 Blutgruppe 0

Die Blutgruppe der Jäger und Sammler ist von einem starken Immunsystem geprägt und besitzt einen soliden Verdauungstrakt. Letzterer ermöglicht es Proteine und Fleisch gut zu verdauen, da viel Magensäure produziert wird. Dadurch werden dem Fleisch die Nährstoffe nahezu vollkommen entzogen. (vgl. D'Adamo, Whitney 2014) Ebenso hilft die Magensäure bei der Verdauung von Fetten, sodass Cholesterol leichter verdaut werden kann. Zusätzlich regeneriert sich der Verdauungstrakt leichter und Kalzium wird besser absorbiert. Die Schwäche des 0-Typs besteht in der Verdauung von Kohlenhydraten. Besonders Getreide wird einfacher als Fett oder Triglyceride gespeichert und die enthaltenen Eiweiße können das Immunsystem schwächen, was zu Entzündungen und Autoimmunerkrankungen führen kann. Menschen mit der Blutgruppe 0 neigen zu Wutanfällen, Hyperaktivität und Phasen von übermäßigem Zorn. Schlechtes Verhalten tritt vor allem bei Hunger, Müdigkeit oder Langeweile auf. Beispiele hierfür sind Glücksspiel, Sensationsgier, Risikobereitschaft, Drogenmissbrauch oder Impulsivität. (vgl. D'Adamo o.J.)

3.2.2 Blutgruppe A

Das Immunsystem des A-Typs war eher dafür geschaffen, Infektionen und Erkrankungen bakteriellen Ursprungs abzuwehren, um die Gemeinschaft zu schützen. Da hauptsächlich Gemüse und Getreide durch den landwirtschaftlichen Anbau verzehrt wurden, passte sich der Verdauungstrakt an pflanzliches Eiweiß an; in Nähe von Gewässern lieferten auch Fisch und Meeresfrüchte reichlich Protein. (vgl. D'Adamo, Whitney 2014: o. S.) Diese Gruppe bevorzugt ein strukturiertes und harmonisches Leben, wobei sie ein positives soziales Umfeld vorziehen. Einen Einklang zwischen Geist und Körper zu finden ist dem Typ wichtig, was durch den Übergang vom Jagen hin zum Erschaffen und Wachstum sichtbar wird. Die Gruppe besitzt von Natur aus einen hohen Spiegel des Stresshormons Cortisol und produziert davon mehr als andere in stressvollen Situationen. Dieser zusätzliche Stress sorgt bei diesem Typen für ungleichmäßigen Schlafrhythmus, Gedächtnisstörungen, erhöhter Blutviskosität und fördert den Muskelabbau bzw. Fettaufbau. Bei extremer Ausprägung kann es auch zu Zwangsstörungen, Insulinresistenz oder einer Schilddrüsenunterfunktion kommen. Beschreiben lassen sich die Menschen mit Blutgruppe A als sensibel in Bezug auf die

Bedürfnisse anderer, gute Zuhörer, detailorientiert, analytisch, kreativ und innovativ. (vgl. D'Adamo o.J.)

3.2.3 Blutgruppe B

Die Nomaden ernährten sich sowohl von Früchten, welche die Landschaft hergab, als auch von ihrem Vieh, das mit ihnen umherzog. Das Verzehren von Pflanzen, Fleisch und Milchprodukten sorgte für ein starkes Immunsystem und eine gute Verdauung. (vgl. D'Adamo, Whitney 2014: o. S.) Die Anfälligkeit für Krankheiten ist hier höher ausgeprägt als bei Gruppe 0 und A. Die Blutgruppe B steht zwischen den Fleischessern der Gruppe 0 und den Pflanzenessern. Auch hier herrscht eine Tendenz zu erhöhtem Cortisolspiegel in stressvollen Situationen. Ebenso treten langsam wachsende Viren wie MS oder Lupus häufiger auf. Wird jedoch auf die richtige Ernährung geachtet, fühlen sich B-Typen physisch fitter und sind mental stabiler als die anderen Blutgruppen. Wie Typ-A, so produzieren auch B-Typen mehr Cortisol, was die gleichen Wirkungen erzeugen kann, wie bei der Blutgruppe A. Besitzt man die Blutgruppe B, sei man, so D'Adamo, subjektiv, unbekümmert, kreativ, originell und anpassungsfähig. Ebenso sollen diese die Gabe haben, Situationen intuitiv richtig einzuschätzen. Dadurch scheinen sie einsichtig, mystisch, idealistisch, kreativ, weltoffen und menschenorientiert zu sein und haben eine gute Vorstellungskraft. (vgl. D'Adamo o.J.)

3.2.4 Blutgruppe AB

In dieser Gruppe mischen sich die Stärken und Schwächen des A- und des B-Typs. Sie vereinen sowohl die vielfältigen Reaktionen des Immunsystems und Verdauungstrakts, als auch die Eigenschaft, anfällig für Krankheiten zu sein. (vgl. D'Adamo, Whitney 2014: o. S.) Sie hat wie die Gruppe A wenig Magensäure, kann jedoch, wie die Gruppe B, Fleisch gut verdauen. Durch die gute Verstoffwechslung, wird Fleisch jedoch meist als Fett gespeichert. Weil der AB-Typ sowohl die Antigene A als auch B hat, können die sogenannten Lektine eher mit dem Gewebe und den Zellen dieser Blutgruppe reagieren. In Bezug auf Stress reagierten Menschen mit Blutgruppe AB ähnlich wie die Gruppe 0, da sie eine Tendenz zu erhöhter Produktion von Adrenalin haben. Zusätzlich gibt es bei großen Emotionen Auswirkungen auf den Körper. Vor allem werden Wut und Feindseligkeit oft unterdrückt, was eher gesundheitliche Schäden hervorrufen kann als die Veräußerung dieser Gefühle. Die Persönlichkeit der Blutgruppe AB ist sehr unterschiedlich angesichts emotionaler Gesundheit. Einerseits fühlen sich die Personen zu anderen Menschen hingezogen, sind freundlich und vertrauensvoll, jedoch können sie auch ausgegrenzt fühlen. In bester Laune sieht man sie intuitiv, spirituell und leidenschaftlich, allerdings wollen sie immer von anderen Menschen gemocht werden, was zu Problemen führen kann. (vgl. D'Adamo o.J.)

3.3 Lektine

Den Zusammenhang zwischen der Ernährung und der Blutgruppe stellen die Lektine dar. Laut D'Adamo kommt es bei Aufnahme eines Lebensmittels zu einer chemischen Reaktion mit Lektinen. Dies sind Eiweißverbindungen, die mit Blut zu einer Agglutination führen können. Nimmt man nämlich ein Nahrungsmittel zu sich, welches mit den eigenen Antigenen im Blut nicht verträglich ist, so attackieren die Lektine die Organe und lassen das Blut verklumpen. Dadurch können Vorgänge im Körper gehemmt und Verdauung, Insulinproduktion, Stoffwechsel und Hormone beeinflusst werden. (vgl. D'Adamo, Whitney 2014)
Welche Nahrungsmittel Lektine enthalten und deshalb von den jeweiligen Blutgruppen gemieden werden sollten, wird unter anderem im nächsten Abschnitt dieser Arbeit gezeigt.

4. Nahrungsmittelauswahl und Lebensstilempfehlung

Für jede der vier Blutgruppen entwarf Peter J. D'Adamo eine genaue Angabe zu verträglichen und zu vermeidenden Lebensmittel sowie Hinweise zu Sportarten und Lebensstilen. Unter http://www.fnp.de/storage/med/onlineredaktion/87117_nba.pdf findet man eine neunseitige Liste, die für fast jedes Nahrungsmittel genau anzeigt, ob es für die eigene Blutgruppe geeignet ist oder nicht. Die Spalten sind dabei nach den Blutgruppen aufgeteilt und werden in „Sehr bekömmlich", „Neutral" und „Zu meiden" aufgeteilt. Neben den Lebensmittelgruppen Fleisch, Fisch, Milchprodukten und Eiern findet man auch Kräuter, Gewürze, Dickungsmittel, Tees, Getränke oder Nahrungsergänzungsmittel.
Nachfolgend wird die Nahrungsmittelauswahl und die Lebensstilempfehlung für jede Blutgruppe zusammengefasst dargestellt.

4.1 Blutgruppe 0

D'Adamo empfiehlt dem 0-Typen mageres, biologisches Fleisch, Gemüse und Früchte zu essen. Meiden sollten sie dagegen Weizen und Milchprodukte, da diese sich negativ auf die Verdauung und die Gesundheit auswirken können. Außerdem sollte diese Gruppe Alkohol und Koffein vermeiden; letzteres, weil es das Adrenalin und Noradrenalin steigen lässt, das bei diesem Typ bereits erhöht ist.
Diese Gruppe sollte sich drei bis vier Mal pro Woche sportlich betätigen, um das Kreislaufsystem und die Muskeln zu stärken. Am besten eignet sich vier Mal wöchentlich

dreißig bis vierzig Minuten aerobes Training. Sport sendet Neurotransmitter aus, die wie ein Stärkungsmittel wirken. Mit genügend Bewegung sorgt der 0-Typ für physische Gesundheit und emotionale Stabilität.

Weitere Empfehlungen für diese Blutgruppe stellen verschiedene Lebensstrategien dar. Zum einen sollte man seine Mahl- und Zwischenmahlzeiten immer an einem Tisch sitzend zu sich nehmen, langsam kauen und kleine Pausen zwischen jedem Biss einlegen. Außerdem sollten keine wichtigen Entscheidungen bei Stress getroffen werden, bei Ängstlichkeit oder Lust nach Alkohol, Tabak oder Zucker sportlicher Aktivität nachgehen und lebensverändernde Situationen lieber allmählich verändern, statt alles auf einmal durchzuführen. Die Ernährungsform für die Blutgruppe 0 sollte deshalb schrittweise in den Alltag eingebracht werden, sodass das Ziel, diese Diät ein Leben lang zu vollziehen, nicht als zu großer Schritt erscheint. (vgl. D'Adamo o.J.)

4.2 Blutgruppe A

Diese Blutgruppe sollte sich vorwiegend vegetarisch ernähren, da sie so mehr Energie hat und leichter Gewicht verlieren kann. Wichtig ist die Nahrung möglichst unbehandelt, also rein, frisch und biologisch, zu essen.

Um den Cortisol-Spiegel auszugleichen sind Zucker, Koffein und Alkohol zu reduzieren. Keine Mahlzeiten auszulassen, vor allem nicht das Frühstück, und viele kleine Mahlzeiten statt wenigen großen zu essen sollte auch den Blutzuckerspiegel stabilisieren.

Das hohe Cortisol-Level kann durch ein regelmäßiges Bewegungsprogramm, welches fokussierende und beruhigende Effekte hat, verringert werden. Beispiele hierfür sind Hatha Yoga, Tai Chi, Meditation und Atemübungen, die mindestens drei Mal pro Woche für dreißig oder fünfundvierzig Minuten ausgeführt werden. Bei körperlicher Gesundheit können auch anstrengendere Übungen mit Gewichten oder aerobem Training praktiziert werden, allerdings führt dies bei Überanstrengung wieder zur Steigerung von Cortisol. Weitere Faktoren zur Steigerung von Cortisol sind zum Beispiel Menschenmengen, laute Geräusche, Rauchen und zu viel Zucker oder Stärke.

Zu Beginn des Tages sollte mehr Protein gegessen werden, am Abend weniger. Bei Unsicherheit und Ängstlichkeit sollte keine Nahrung aufgenommen werden. Viele regelmäßige kleine Mahlzeiten und gutes Kauen sorgen trotz der wenigen Magensäure für eine gute Verdauung und Aufnahme der Nährstoffe. Um Krebs und Herzkrankheiten vorzubeugen sollten regelmäßig Arztbesuche gemacht werden.

Lebensstilstrategien, die für diese Gruppe von Bedeutung sind, sind zum einen seiner Kreativität und künstlerischen Ausdrucksformen nachzugehen, ebenso wie eine tägliche Tagesordnung zu entwickeln, niemals später als 23 Uhr schlafen zu gehen und mindestens acht Stunden zu schlafen. An Arbeitstagen zwei oder mehr 20-minütige Pausen einzulegen, in denen ein Spaziergang, Dehnübungen, Atemübungen gemacht oder meditiert wird, bringt gesundheitliche Vorteile. (vgl. D'Adamo o.J.)

4.3 Blutgruppe B

Bei Typ B sind hauptsächlich Mais, Weizen, Buchweizen, Linsen, Tomaten, Erdnüsse und Sesam-Samen für die Gewichtszunahme verantwortlich. Diese Nahrungsmittel beeinflussen die Verdauung negativ, was zu Ermüdung, Wassereinlagerungen und Hypoglykämie, also einer Unterzuckerung, nach dem Essen führen kann. Wenn man jedoch die Blutgruppendiät für seine Blutgruppe befolgt, so sollte der Blutzuckerspiegel nach dem Essen normal sein. Außerdem sollte der B-Typ Hähnchenfleisch vermeiden, da es für B agglutinierendes Lektin enthält. Ersatz für Hähnchenfleisch bietet Ziegen-, Lamm-, Schaf-, Hasen- und Rehfleisch. Gewichtsverlust kann durch Verzehren von grünem Gemüse, Eiern, den oben genannten Fleischsorten und Milchprodukten mit wenig Fett erzielt werden. Wird diese Nahrungsmittelempfehlung befolgt, sollten B-Typen keine Gewichtsprobleme haben.
Für genügend Bewegung sollte die Blutgruppe B Sport betreiben, der sowohl den Geist als auch den Körper anregt. Bestens dafür geeignet sind Tennis, Kampfsportarten, Fahrrad fahren, Wandern und Golf.
D'Adamo sieht die richtige Lebenseinstellung für den B-Typ in Spontanität, Engagement und Kreativität. Außerdem sollte er regelmäßig Gehirnjogging machen und meditieren. Um den Tagesrhythmus aufrecht zu erhalten, empfiehlt D'Adamo, wie bei Gruppe A, nicht zu spät schlafen zu gehen und dies für acht oder mehr Stunden zu tun. (vgl. D'Adamo o.J.)

4.4 Blutgruppe AB

In stressvollen Situationen sollten beim AB-Typen Koffein und Alkohol gemieden werden. Lebensmittel, die dem AB-Typen beim Abnehmen zugutekommen sind Tofu, Milchprodukte, grüne Gemüse und Meeresfrüchte, die nebenbei viel Protein enthalten. Thunfisch, Lachs oder Sardinen eignen sich besonders gut. Von den Milchprodukten sind vor allem die fermentierten wie Joghurt oder Kefir gut zu verdauen. Geräuchertes oder gepökeltes Fleisch ist zu vermeiden, da es Krebsarten, die im Bauchraum auftreten können, durch die geringe Magensäure begünstigt. Mehrere kleinere Portionen sind auch hier eine Empfehlung von D'Adamo, da es mit der geringen Magensäure besser korreliert und so Verdauungsprobleme verhindert. Bei diesem Typen rät er zusätzlich möglichst keine stärke- und proteinhaltigen Lebensmittel in einer Mahlzeit gleichzeitig zu essen, da diese schlecht zusammen verdaut werden.

Sportlich betätigen sollte sich die Blutgruppe AB vor allem in Stresssituationen. Zwischen aerobem Training wie Rad fahren oder Joggen und beruhigenden Übungen wie Yoga oder Tai Chi sollte über die Woche hin abgewechselt werden.

Bei den Lebensstrategien übernimmt D'Adamo einzelne Punkte aus denen der Blutgruppe A und B. Auch hier sollte an Arbeitstagen Bewegung eingebaut sowie Engagement und Kreativität gefördert werden.

Im nächsten Schritt wird die Blutgruppendiät, die Peter J. D'Adamo anpreist, bewertet.

5. Bewertung

Die Blutgruppendiät wird von der DGE und weiteren Quellen nicht empfohlen. Wissenschaftliche Beweise für die Behauptung, dass bestimmte Lektine schädlich für Menschen mit verschiedenen Blutgruppen seien, sucht man vergebens. Peter J. D'Adamo schreibt in seinen Büchern, dass man bei Befolgung seiner Vorgaben zur jeweiligen Blutgruppe Krankheiten verringert und gesundheitlich positive Auswirkungen erfährt. Das dänische rote Kreuz stellte zu diesem Thema eine Übersichtsarbeit verschiedener Studien vor, in denen sie nach wissenschaftlichen Belegen suchten, D'Adamos Theorie zu stützen und zu beweisen, hatten dabei jedoch keinen Erfolg. Keine der Studien zeigte, dass bestimmte Lebensmittel schlecht für die Gesundheit der Menschen mit der jeweiligen Blutgruppe seien oder zu Verklumpungen führen. (vgl. Bechthold 2013)

Um zu beweisen, dass das Blut agglutiniert, sobald Milchprodukte gegessen werden, müssten mikroskopische Aufnahmen vorliegen, die es jedoch nicht gibt. Auch fehlt die Erklärung, weshalb eine Vielzahl von Menschen mit der Blutgruppe A trotz Milchkonsum keine Schlaganfälle oder Arteriosklerose haben, da ihr Blut eigentlich bei der Aufnahme verkleben müsste.

Auch der Gewichtsverlust, der versprochen wird sollte man diese Diät befolgen, wird nicht unbedingt eintreten. Es wird durch den Ausschluss bestimmter Lebensmittel keine ausgewogene Ernährung mehr gewährleistet. Eine vollwertige Ernährung findet man nur bei Gruppe B. Bei der Blutgruppe A werden zum Beispiel Milch- und Getreideprodukte ausgeschlossen, wodurch es zu einem Kalziummangel kommen kann. (vgl. Kurscheid 2018) Da jedoch auf der Website der Blutgruppendiät Nahrungsergänzungsmittel beworben werden, ist es dem Erfinder sicherlich bewusst, dass es durch das Verbot bestimmter Lebensmittel zu einem Nährstoffmangel kommen kann.

Eine Ernährung nach der Blutgruppe wird ebenfalls schwierig, sollte man mit Menschen unterschiedlicher Typen zusammen wohnen. Für jede Blutgruppe müssten unterschiedliche Speisen zubereitet werden, was einen großen Aufwand mit sich bringen würde.

Des Weiteren gibt es, wie zu Beginn bereits genannt, circa 50 Blutgruppensysteme, die sich alle durch die Proteine auf der Oberfläche der Erythrozyten unterscheiden. Da es hierbei auch Überschneidungen gibt, wäre nicht mehr sicher, wer nun welches Lebensmittel verträgt und wer nicht. Wie ist es zu begründen, dass genau das AB0-Systen für die Verträglichkeit zuständig ist und nicht ein anderes System? Diese Frage ist nicht zu beantworten.

Die Entstehung der Blutgruppen, die die Basis für seine Blutgruppendiät stellt ist ebenso nicht glaubwürdig. Bei Affen findet man die gleichen Blutgruppen wie bei Menschen, diese entwickelten sich jedoch nicht von Jägern und Sammlern über den Bauern zu Nomaden. (vgl. Kurscheid 2018)

Ein weiteres Problem stellt die Tatsache, dass die Blutgruppe 0 proteinreiche Nahrung zu sich nehmen soll, dar. Über 40 % der Weltbevölkerung besitzt die Gruppe 0. D'Adamo empfiehlt ihnen bis zu 120 Gramm Fleisch pro Mahlzeit aufzunehmen. Da Fleisch jedoch sehr viele Ressourcen verbraucht ist es ökologisch nicht vertretbar, dass so viel Fleisch von den Menschen verzehrt wird. Die Umwelt würde noch mehr belastet werden, da ein nachhaltiges Leben mit dieser Blutgruppe nicht möglich wäre. (vgl. Klaper 2001)

Fazit

Die Blutgruppendiät von Peter J. Dadamo scheint im ersten Moment eine vielversprechende Methode für Gewichtsverlust und ein gesundes Leben zu sein. Die veröffentlichten Bücher sind sehr überzeugend geschrieben und vermitteln viel detaillierte Informationen, was sie für unerfahrene Benutzer glaubwürdig erscheinen lässt. Da man sich wahrscheinlich nicht jede Blutgruppe ansieht, sondern nur die eigene, merkt man auch nicht, dass es viele Wiederholungen in den Lebensstilempfehlungen gibt. Koffein und Alkohol zu vermeiden und sich genügend zu bewegen ist dabei keine neue Erkenntnis von D'Adamo, sondern wird von allen gesundheitlichen Institutionen empfohlen.

Es kann natürlich sein, das diese Diät manchen Menschen hilft, ihr Wunschgewicht zu erreichen oder sich körperlich fitter zu fühlen, jedoch ist dies eher auf die Verbindung von gesunder Ernährung und körperlicher Fitness zurückzuführen, die zu der Blutgruppenernährung empfohlen wird.

Die fehlenden Belege zu seinen Behauptungen, keine Gewährleistung von vollwertiger Ernährung und das ökologisch nicht haltbare Konzept macht die Blutgruppendiät zu keiner guten Wahl, sollte man nach einer passenden Ernährungsform suchen. Dafür gibt es viele andere, die wissenschaftlich belegt sind und auch wirklich nutzen.

Literaturverzeichnis

Bechthold, Angela (2013): Blutgruppendiät ohne bewiesenen Nutzen. Online verfügbar unter https://www.dge.de/presse/pm/blutgruppendiaeten-ohne-bewiesenen-nutzen/, zuletzt geprüft am 23.09.2018

Blutspendedienst des BRK (o.J.): Verteilung der Blutgruppen. Online verfügbar unter https://www.blutspendedienst.com/blutspende/blut-blutgruppen/verteilung-der-blutgruppen, zuletzt geprüft am 14.09.2018

D'Adamo Peter J. (o.J.): Eat Right 4 Your Type. Online verfügbar unter https://dadamo.com/txt/index.pl?0000, zuletzt geprüft am 16.09.2018

D'Adamo, Peter J.; Whitney, Catherine (2014): 4 Blutgruppen - Das Kochbuch für ein gesundes Leben. München: Piper ebooks

D'Adamo, Peter J.; Whitney, Catherine (2017): 4 Blutgruppen. 4 Strategien für ein gesundes Leben: mit Rezeptteil. Erweiterte und aktualisierte Taschenbuchausgabe. München: Piper (Piper, 31121)

Klaper, Michael (2001): Blutgruppendiät. Essen nach dem Bluttyp. Online verfügbar unter https://www.ugb.de/ernaehrung-nach-blutgruppen/blutgruppendiaet-blutgruppenernaehrung/, zuletzt geprüft am 23.09.2018

Koula-Jenik, Heide; Kraft, Matthias; Miko, Michael; Schulz, Ralf-Joachim (2006): Leitfaden Ernährungsmedizin. 1. Aufl. München: Elsevier Urban & Fischer

Kurscheid, Thomas (2018): Die Blutgruppendiät – Sinn oder Unsinn? Online verfügbar unter https://eatsmarter.de/blogs/gesundheitstipps/blutgruppendiaet-sinn-oder-unsinn, zuletzt geprüft am 23.09.2018

Meinhard, Brigitte (2017): Abitur-Training Biologie. Gymnasium. Freising: Stark

<u>Abbildungen:</u>

Meinhard, Brigitte (2017): Abitur-Training Biologie. Gymnasium. Freising: Stark

Blutspendedienst des BRK (o.J.): Verteilung der Blutgruppen. Online verfügbar unter https://www.blutspendedienst.com/blutspende/blut-blutgruppen/verteilung-der-blutgruppen, zuletzt geprüft am 14.09.2018

Statista: https://de.statista.com/statistik/daten/studie/721853/umfrage/umfrage-zur-verwendung-von-diaeten-und-ernaehrungskonzepte-in-deutschland/